Maryam Khan
Farheen Aslam
Shagufta Naz

Redução da carga microbiana de loções corporais por radiação gama

Maryam Khan
Farheen Aslam
Shagufta Naz

Redução da carga microbiana de loções corporais por radiação gama

Imprint

Any brand names and product names mentioned in this book are subject to trademark, brand or patent protection and are trademarks or registered trademarks of their respective holders. The use of brand names, product names, common names, trade names, product descriptions etc. even without a particular marking in this work is in no way to be construed to mean that such names may be regarded as unrestricted in respect of trademark and brand protection legislation and could thus be used by anyone.

Cover image: www.ingimage.com

This book is a translation from the original published under ISBN 978-3-659-77267-2.

Publisher:
Sciencia Scripts
is a trademark of
Dodo Books Indian Ocean Ltd. and OmniScriptum S.R.L publishing group

120 High Road, East Finchley, London, N2 9ED, United Kingdom
Str. Armeneasca 28/1, office 1, Chisinau MD-2012, Republic of Moldova, Europe
Printed at: see last page
ISBN: 978-620-8-06740-3

ÍNDICE DE CONTEÚDOS:

Resumo

As loções corporais desempenham um papel muito importante na hidratação da pele e na limpeza das partículas de sujidade. Cerca de 20% da população humana enfrenta o problema da secura da pele, especialmente no inverno, e as loções corporais são muito eficazes na cura da secura da pele. São compostas por vitaminas, ceras, extractos de ervas e óleos como o óleo de amêndoa, o óleo de coco, o óleo de alperce, o óleo de girassol, o óleo de noz, o óleo de milho e o óleo de laranja. Estes nutrientes funcionam na nutrição da pele. Mas, infelizmente, estes nutrientes proporcionam um ambiente que favorece o crescimento de micróbios como a Salmonella, a Pseudomonas aeruginosa, a Escherichia coli, o Staphylococcus aureus e a Enterobacter. Estes micróbios são uma fonte de infecções cutâneas e destroem as barreiras cutâneas. A contaminação ocorre em várias etapas; durante o processamento e a embalagem. As matérias-primas adicionadas são uma das principais fontes de contaminação destes produtos de loções para o corpo. Através da cultura de amostras de várias empresas de loções corporais em diferentes meios de crescimento, foi determinada a presença de micróbios. Os micróbios foram identificados através de vários testes bioquímicos. Os micróbios encontrados na investigação incluíam Klebsiella pneumoniae, Escherichia coli e Staphylococcus spp. Todos estes são considerados micróbios patogénicos e são responsáveis por causar várias infecções. A adição de desinfectantes não ajuda a eliminar estes micróbios. De acordo com vários estudos, os produtos de loção para o corpo podem ser purificados de agentes patogénicos através da utilização de irradiação gama. A dose mais adequada necessária para este efeito, tal como sugerido, é de 1,9 kGy. Foram definidas três doses e as amostras foram enviadas para o PARAS (Pakistan Radiation Services). A dose optimizada para este fim é de 0,5kGy, que não mostrou crescimento microbiano e tornou os produtos seguros para utilização.

CAPÍTULO 1

INTRODUÇÃO

De acordo com a lei federal Food Drug and Cosmetic (FD&C) Act, os cosméticos são definidos como "artigos aplicados no corpo humano para limpeza, embelezamento, promoção da atratividade ou alteração da aparência sem afetar a estrutura ou as funções do corpo". A lista destes cosméticos é muito longa, incluindo cremes, loções, champôs, produtos de maquilhagem facial, pasta de dentes e perfumes. Entre eles, as loções para o corpo ocupam um lugar de destaque. As loções corporais são responsáveis pela proteção da pele contra agentes patogénicos, pela regulação da sua temperatura e também como fonte de vitaminas.

A pele humana é constituída por duas camadas, a epiderme e a derme. A epiderme é a camada superior. As moléculas de proteínas e lípidos actuam como uma barreira e protegem as células da pele contra os factores ambientais. As suas células estão dispostas de forma muito compacta.

A derme é a camada abaixo da epiderme que é constituída por vasos sanguíneos, glândulas sudoríparas, receptores e folículos pilosos.

No entanto, devido à secura da pele, estas barreiras são danificadas e tornam a pele mais vulnerável a infecções patogénicas por uma vasta gama de micróbios. A loção corporal funciona como um hidratante e também como um agente de limpeza. Ajuda a remover germes, sujidade e vários outros poluentes presos nos poros da nossa pele. Uma outra doença, conhecida como dermatite atópica (DA), afecta quase 20% da população humana e provoca o mesmo risco, ou seja, a destruição de lípidos e proteínas. Para além disso, pode também resultar na perda de água e na capacidade de retenção de água das células da pele. A pele danificada desencadeia uma série de infecções epidérmicas. Neste caso, a loção corporal surge novamente como um salvador. A aplicação suave de loção na pele aumenta a capacidade de retenção de água.

As loções corporais existem em várias fragrâncias e "sabores" que incluem aloé vera, pepino, cacau, baunilha, amêndoa e mel. Aromas florais como rosas, lavanda e lilás também fazem parte da lista. Algumas loções vêm mesmo em misturas especializadas de aromaterapia para promover o relaxamento, a energia, o rejuvenescimento ou outras propriedades. O Aloé Vera é um aditivo popular em muitas receitas de loções devido às suas propriedades calmantes e curativas. A baunilha é um aroma calmante e suave que é popular em muitas loções para as mãos e para o corpo. Algumas gotas de óleo essencial de baunilha dão ao produto um aroma quente e agradável, e a baunilha é muitas vezes misturada com outras fragrâncias para as tornar mais suaves e agradáveis. Existem também algumas loções medicinais para o corpo às quais são adicionados alguns ingredientes especiais, tais como antibióticos, anti-sépticos, agentes anti-acne, anti-fúngicos, agentes protectores como a calamina e corticosteróides.

As loções corporais são aplicadas principalmente para problemas de pele como erupções cutâneas, secura e para quem quer manter a pele nutrida, hidratada e fresca. As pessoas que trabalham em ambientes agressivos e têm pele sensível precisam de manter a pele hidratada. Para este efeito, as loções corporais, os hidratantes e os leites de limpeza são uma boa escolha. Ajudam a manter a pele hidratada e flexível. As loções corporais não são apenas uma exigência das pessoas com pele seca, mas também são essenciais para as pessoas com pele oleosa, uma vez que as zonas que incluem o cotovelo e o joelho necessitam de hidratação. A utilização regular de loções para o corpo torna a pele suave e fresca.

O eczema é um problema de pele. Trata-se de uma inflamação da pele. Os seus sintomas incluem comichão, vermelhidão e pele seca causada pela inflamação. É mais frequente nas crianças, embora os adultos também o possam ter. É também designada por dermatite atópica. É tratada com loções para o corpo. Entre as loções corporais incluem-se também os leites branqueadores. Alguns minerais e ingredientes adicionados às loções dão à pele um aspeto brilhante e ajudam a manter o tom da pele.

O problema de ter calosidades nos pés é muito comum. A aplicação de loção corporal nestas áreas remove as células mortas e torna a pele suave. Para calosidades inchadas, podem ser utilizadas loções prescritas que parecem ser muito eficazes.

Mesmo que não se tenha problemas de pele, a aplicação diária e a massagem suave da loção proporcionam uma sensação de frescura e relaxamento. Reduz o stress e ajuda a relaxar os músculos.

Cada grupo de ingredientes das loções para o corpo tem o seu próprio objetivo específico. Para aumentar a barreira natural contra as condições ambientais, são adicionados óleos como a vaselina e a dimeticona. Nestes componentes, os alcanos funcionam como uma barreira. Para nutrir a pele, são adicionados compostos que contêm gordura, tais como colagénio, óleo de amêndoa, óleo de coco, óleo de alperce, óleo de girassol, óleo de noz, óleo de milho e óleo de laranja. As vitaminas adicionadas incluem vitamina E e acetato de tocoferilo. Extractos de ervas como o alecrim e a matricária. O resto dos ingredientes adicionados são fragrâncias, água, pigmentos, ceras, agentes opacificantes, emulsionantes, espessantes e conservantes.

(Toedt et al., 2005).

1.1. Ingredientes das loções para o corpo.

1.1.1. Água.

A água é o ingrediente mais importante no fabrico de loções para o corpo. A água destilada é utilizada principalmente para este fim. Tem as melhores propriedades hidratantes. A água é uma das principais fontes de adição de contaminação na loção para o corpo.

1.1.2. Óleo.

O óleo é outro ingrediente fundamental no fabrico de loções. São utilizados óleos líquidos e manteiga. Muitos tipos de óleos podem ser adicionados às loções. Os óleos de abacate, coco e azeite são alguns dos mais populares. A seleção do tipo de óleo depende do tipo de loção que se pretende fazer com ele.

1.1.3. Ácido cítrico.

O ácido cítrico é adicionado como conservante e é responsável por evitar que as loções se estraguem. É uma das melhores escolhas entre todos os conservantes. Diminui o pH das loções, tornando-as assim aceitáveis para vários tipos de pele. O citrato de potássio, o citrato de alumínio, o citrato de diamónio, o citrato férrico e o citrato de magnésio são os diferentes tipos utilizados.

1.1.4. Ceras emulsionantes.

Actuam como uma cola que mantém unidos os ingredientes das loções. A suavidade da pele depende da quantidade de ceras adicionadas. A sua interação com a pele torna-a mais permeável à aplicação de medicamentos.

1.1.5. Ceramidas.

As ceramidas são moléculas lipídicas que impedem a perda de humidade. Também se encontram naturalmente na nossa pele. As pessoas com pele seca e eczema têm muito menos ceramidas na sua pele. Assim, a utilização de uma loção que contenha ceramidas ajuda a humedecer a pele e reduz os problemas associados à secura da pele. As ceramidas naturais ou sintéticas ajudam a manter e a restaurar a função de barreira da pele.

1.1.6. Glicerina, glicóis e polióis.

Estes três ingredientes são membros da família dos humectantes e ajudam a atrair e a ligar a humidade extra à pele. A glicerina tem um potencial muito elevado de absorção de água. Quando deixada aberta na água, tem a capacidade de absorver água e a sua composição muda para 20% de água e 80% de glicerina. Esta propriedade torna-a um ingrediente importante das loções. Estes humectantes podem aparecer em inúmeras variações nas listas de ingredientes; duas das versões mais utilizadas são o propilenoglicol e o butilenoglicol.

1.1.7. Ácido hialurónico.

É um dos mais importantes agentes hidratantes. É tão eficaz que consegue absorver 1000 vezes mais água do que o seu peso. Esta ação hidratante rápida e eficaz mantém o colagénio e a elastina húmidos e funcionais, ajudando assim a pele a ter um aspeto flexível e jovem. E para a pele oleosa, que facilmente se destaca da utilização de humectantes pesados, o ácido hialurónico é um ingrediente leve e não oleoso que é "seguro" mesmo para as peles mais propensas a acne.

1.1.8. PCA de sódio.

Encontra-se naturalmente na pele e liga a água às células. Nos hidratantes, é responsável por causar uma hidratação duradoura da pele. Garante uma hidratação de longa duração no produto.

1.1.9. Cores.

Também se adicionam cores ao produto final. A adição de cores dá às loções uma tonalidade agradável. Podem ser utilizados aromas para uma determinada loção, como um tom rosa para uma loção de rosas ou uma cor amarela para um aroma cítrico.

O fabrico envolve várias etapas. As etapas típicas incluem a adição de ingredientes em pó ao óleo que está a ser utilizado. São adicionados emulsionantes. A mistura continua a ser misturada até o produto estar preparado. Mas devido à falta de práticas estéreis durante a produção e a embalagem, os produtos de loção corporal ficam contaminados com agentes patogénicos que podem causar graves perturbações nas células da nossa pele. Além disso, a adição de componentes gordos e vitaminas actua como um meio de crescimento para os micróbios e apoia o seu crescimento. Há várias fases de fabrico em que pode ocorrer uma possível contaminação durante a recolha e a adição de matérias-primas, o processo de preparação e a embalagem (Gunar et al., 2006).

Os agentes responsáveis pela contaminação incluem bactérias, vírus e fungos. Todos estes agentes patogénicos podem provocar reacções alérgicas que podem incluir erupções cutâneas, irritação e infecções. Estes agentes podem ser divididos em duas categorias, ou seja, micróbios vivos e esporos.

Os micróbios vivos são constituídos por uma população mista de agentes patogénicos, dependendo da fonte. E podem causar infecções diretamente. Os esporos de micróbios nocivos podem existir em estado dormente e, em condições favoráveis, estes esporos podem desenvolver-se em formas vivas patogénicas. (Okeke et al., 2001).

Os micróbios gram-negativos ocorrem mais predominantemente nas loções corporais do que as bactérias gram-positivas. A razão é a sua capacidade de sobrevivência. Além disso, a partilha destes produtos pode também multiplicar a população bacteriana.

Os micróbios que podem estar presentes nos produtos de loção para o corpo incluem espécies de Bacillus, Clostridium e micróbios sem esporos, como E.coli, Staphylococcus, leveduras e bolores. Os micróbios formadores de esporos parecem ser resistentes a doses baixas de radiação, ou seja, entre 0,6 e 4,0 kGy. Uma empresa chamada Synergy Health utiliza a radiação gama para a esterilização de vários produtos. Segundo eles, a dose necessária para a esterilização por raios gama de loções para o corpo é de 2-12 kGy. A radiação gama é uma das formas mais adequadas para a esterilização de loções para o corpo. A razão é que é muito difícil esterilizar cada componente químico das loções separadamente sem destruir as suas propriedades químicas. Mesmo que os componentes químicos sejam esterilizados, há hipóteses de contaminação. Os produtos químicos actuam como fonte de nutrientes para o crescimento e a reprodução de micróbios. Assim, para garantir a segurança das loções para o corpo humano, a esterilização por radiação é um dos melhores métodos.

O objetivo da investigação é verificar o conteúdo dos agentes patogénicos e tornar os produtos livres destes agentes patogénicos utilizando a "esterilização por irradiação". O processo deve ser optimizado de forma a não alterar ou ter impacto nas propriedades dos produtos.

OBJECTIVOS E METAS

As metas e os objectivos da minha investigação são descritos a seguir.

- Estudo de várias lojas de cosméticos e das exigências dos consumidores.
- Estimar o conteúdo microbiano em vários produtos de loções corporais nacionais e internacionais.
- Remover os agentes patogénicos destes produtos utilizando a técnica de esterilização por irradiação.
- Determinar a dose de radiação necessária para a esterilização.

CAPÍTULO 2
REVISÃO DA LITERATURA

da Silva Aquino (2012) estudou o efeito da radiação ionizante em microrganismos. Os parâmetros escolhidos foram a perda da capacidade de formação de colónias em meios nutritivos. O declínio dos micróbios ocorre devido a possíveis danos genéticos. Para isso foram incluídas duas hipóteses. Uma diz que os efeitos letais ocorrem devido à produção de "radiotoxinas" nas células dos microrganismos. Segundo a segunda teoria, as radiações destroem diretamente a membrana celular, que é vital para a sobrevivência dos micróbios. Outros efeitos incluem alterações na estrutura citoplasmática e danos nas enzimas e, em última análise, na maquinaria metabólica dos microrganismos. O autor salientou ainda que os esporos bacterianos são mais resistentes à radiação do que as bactérias vegetativas. Entre elas, as bactérias gram positivas são mais resistentes do que as bactérias gram negativas. Nas bactérias vegetativas, os cocos são mais resistentes do que os bacilos. As leveduras são ainda mais resistentes do que as bactérias e os bolores. Os vírus são menos sensíveis à radiação do que as bactérias e os fungos.

Gunar (2006) destacou as razões subjacentes à contaminação de micróbios em produtos de loções para o corpo. Descobriu que o maior contribuinte para a contaminação eram as matérias-primas que não eram esterilizadas. Também a adição de água durante o processamento resultou na contaminação.

Russell (1996) verificou 100 amostras de quatro loções para o corpo e utilizou vários meios de cultura para este efeito, tais como ágar de soja tríptico (TSA), ágar de sal de manitol, ágar de dextrose de Sabouraud (SDA), meio de carne cozinhada, ágar e caldo de MacConkey e ágar de azul de metileno de cosina (EMB). No caso do caldo de soja, dissolveu-se 1 ml de loção em 9 ml de caldo e incubaram-se as placas para bactérias a 35º C durante dois dias e para fungos a 25º C durante cinco dias. Mais de 60% do produto foi encontrado contaminado com espécies de micróbios tais como Salmonella, Pseudomonas aeruginosa, Escherichia coli, Staphylococcus aureus e Enterobacter. Ao realizar o método de contagem em placas, a contagem média de colónias em cada produto foi de 2×10^2. No entanto, as leveduras e os bolores não estavam presentes.

Katusin-Razem et al., (2003) verificaram a carga microbiana e a dose necessária para a esterilização de produtos lácteos de limpeza. As loções de diferentes marcas foram monitorizadas e foram encontradas contaminadas com bactérias gram-negativas e bolores.

Após a utilização da radiação gama, a carga microbiana foi reduzida para um valor mínimo. Após nova verificação e otimização, foi selecionada uma dose de 1,9 kGy para a Klebsiella e de 1,5 kGy para os bolores. A taxa de crescimento dos micróbios foi representada em função da dose exposta. O que mostrou uma clara redução do conteúdo microbiano. O autor também destacou as causas da contaminação que parecem ocorrer durante a produção e o manuseamento das matérias-primas. Para erradicar este problema, estão a ser adicionados conservantes numa proporção equilibrada. Verificou-se uma contaminação mista de micróbios nas matérias-primas, incluindo também uma contaminação esporádica que, em condições favoráveis, atinge um nível muito elevado.

Okeke e Lamikanra (2001) verificaram produtos de loção para o corpo. O método aplicado utilizou 2 g de cosmético para ser dissolvido em 20 ml de caldo nutritivo. Os meios utilizados para o crescimento foram o ágar sangue e o ágar de McConkey. As placas foram incubadas a 37º C durante 24-48 horas e verificou-se que estavam contaminadas com micróbios como Staphylococcus aureus, Pseudomonas aeruginosa e Enterobacter cloacae.

Becks e Lorenzoni (1995) verificaram e registaram a contaminação microbiana de produtos de loção corporal de diferentes países. Os produtos de loção para o corpo devem estar isentos destas contaminações, uma vez que podem causar graves problemas de pele. Os produtos de loção para o corpo são compostos por vitaminas, compostos gordos, incluindo óleos e ceras. Estes compostos servem de fonte de nutrientes para os micróbios e apoiam o seu crescimento.

Borrely et al., (1998) discutiram fontes de radiação gama que eram o Cobalto-60 e o Césio-137. A libertação de radiação ocorre devido à auto-desintegração destes átomos. Verificou-se que a sua energia é semelhante à das ondas de luz, mas tem uma energia fotónica mais elevada e um comprimento de onda mais curto. O Cobalto-60 também pode ser produzido a partir do Cobalto-59, utilizando electrões em movimento rápido. A reação que ocorre durante este processo nuclear é a seguinte.

$$_{27}Co^{59} + {}_{0}n^{1} \rightarrow {}_{27}Co^{60}$$

Também discutiu o efeito da radiação nos organismos vivos, com especial referência aos microrganismos e às possíveis alterações que podem ocorrer. Os parâmetros que podem afetar e que são importantes considerar incluem a taxa de dose, a distribuição da dose, a qualidade da radiação e factores ambientais como a temperatura, o teor de humidade e a concentração de oxigénio. As radiações também podem ter efeitos diretos e indirectos nos organismos. O possível alvo das radiações é o ácido desoxirribonucleico, que leva à inibição da divisão celular. As radiações ionizantes destroem a dupla hélice ou outras moléculas vitais presentes no citoplasma, como a água, e formam radicais livres, sendo o radical OH o mais importante. Todos estes radicais destroem o ADN até 90%. Segundo as estimativas, a dose de um gray, quando aplicada a células vivas, danifica 1000 cadeias de ADN, 40 cadeias duplas, 150 ligações cruzadas entre o ADN e as proteínas e 250 oxidações da timina, o que é absolutamente notável.

Ikeda et al., (1997) destacaram a meia-vida do^{60} Co que é de 5,2714 anos. Emite fotões de 1,17 e 1,33 MeV. ^{60}O Co é constituído por pequenas paletes de cobalto que são carregadas em tubos selados de aço inoxidável ou de liga de zircónio, conhecidos por pencil arrays.

Yeh et al., (1995) analisaram a radiossensibilidade dos microrganismos e concluíram que esta capacidade ocorre devido à capacidade de certas estirpes para reparar os danos na cadeia de ADN. As estirpes que não possuem esta capacidade são efetivamente danificadas pelas radiações ionizantes. Tanto os procariotas como os eucariotas têm esta capacidade. O sistema de reparação identifica os danos no ADN devido a alterações na sua configuração espacial e, em seguida, utiliza a sua cadeia complementar para reparar os danos. O grau de reparação dos danos depende da integridade estrutural da cadeia complementar.

Whitby e Gelda (1979) explicaram como medir a resistividade das colónias após a esterilização por irradiação, que pode ser apresentada sob a forma de uma curva. A unidade para medir a resistência à radiação é a dose de redução decimal (valor D10), que é definida como a dose de radiação (kGy) necessária para reduzir o número desse microrganismo em 10 vezes (um ciclo logarítmico) ou necessária para matar 90% do número total.

Smart e Spooner (1972) descreveram as alterações cosméticas que ocorrem devido à contaminação microbiana. A ocorrência de irritação pode ser o resultado de um elevado nível de contaminação. Por vezes, os microrganismos introduzem proteínas estranhas que conduzem a reacções alérgicas. É o exemplo da destruição da penicilina pela penicilinase. Os microrganismos também são capazes de destruir conservantes e desinfectantes adicionados aos cosméticos para aumentar o seu prazo de validade.

Outras alterações relatadas são na cor; por exemplo, membros do género Pseudomonas libertam pigmentos de cor azul-esverdeada, efeitos olfactivos; a deterioração microbiana degrada os componentes dos cosméticos e produz um cheiro desagradável que anula os efeitos dos perfumes adicionados. O "Glicerol" é adicionado aos cosméticos e é metabolizado pela

Klebsiella para produzir gás. As más condições de armazenamento e as matérias-primas também levam ao crescimento de bolores.

CAPÍTULO 3
MATERIAIS E MÉTODOS

3.1. Local e ambiente experimental.

A cultura da amostra foi efectuada no Departamento de Biotecnologia da Universidade Lahore College for Women e a irradiação da amostra foi efectuada nos Serviços de Radiação do Paquistão (PARAS).

3.2. Recolha de amostras.

As amostras A, B, C, D e E foram recolhidas em várias lojas. Entre elas, as três primeiras amostras eram produtos nacionais, enquanto as restantes duas representavam o mercado internacional. Os produtos incluídos eram de diferentes tipos de loções para o corpo, tais como hidratantes, leites de limpeza, etc.

3.3. Esterilização do material de vidro.

Todas as placas de Petri foram esterilizadas num forno seco a 180° C durante duas horas. Em seguida, as placas de Petri foram deixadas arrefecer e foram posteriormente utilizadas para espalhar a amostra.

3.4. Enriquecimento de amostras.

O enriquecimento das amostras foi efectuado em caldo nutritivo.

3.4.1. Caldo de nutrientes.

O caldo nutriente é utilizado para o cultivo geral de microrganismos menos exigentes. Pode ser enriquecido com sangue ou outros fluidos biológicos.

É um meio líquido constituído por vários extractos, tais como extractos de levedura e extractos de carne de bovino, exceto ágar, para que não solidifique.

Os organismos que podem ser cultivados em caldo nutritivo incluem Escherichia coli, Pseudomonas aeruginosa, Streptococcus pyogens e Staphylococcus aureus. É um dos vários meios não selectivos úteis no cultivo de rotina de microrganismos. (Froder et al., 2007).

Tabela 3.1. Composição do caldo de nutrientes.

Sr.no	Ingredients	grams/liter
1	Peptic digest of animal tissue	5.0

2	Sodium Chloride	5.0
3	Beef extract	1.50
4	Yeast extract	1.50
5	Final pH	7.4 ± 0.2

1,3 gramas de caldo nutritivo foram dissolvidos em 100 ml de água destilada. A solução foi então colocada numa placa quente para tornar a mistura homogénea. 10 ml do meio preparado foram então vertidos num tubo de ensaio e autoclavados a 121º C a 15lb de pressão durante 15 minutos. Deixou-se arrefecer à temperatura ambiente e manteve-se na incubadora com agitação durante 24 horas a 37º C para verificar a esterilidade. Adicionou-se uma pequena quantidade de amostra ao caldo e manteve-se novamente na incubadora com agitador para permitir o enriquecimento da amostra a 37º C durante 24 horas.

3.5. Cultura em diferentes suportes

0,10 g de amostra foram retirados com a ajuda de uma ansa de inoculação esterilizada e dissolvidos em 10 ml de caldo nutritivo num tubo de ensaio. Este tubo de ensaio foi então incubado numa incubadora com agitação a 37º C durante 24 horas.

3.5.1. Ágar Nutriente.

É o meio mais comummente utilizado para o crescimento microbiano em laboratórios. Os ingredientes incluídos no ágar nutriente são extractos de levedura, extractos de carne de bovino, cloreto de sódio, ágar para solidificação com pH ajustado. É utilizado para a cultura de micróbios e o valor nutricional é melhorado utilizando vários extractos, como o sangue ou o soro. Os micróbios que podem ser cultivados utilizando ágar nutriente incluem Escherichia coli, Salmonella, Staphylococcus aureus e Pseudomonas aeruginosa.

Quadro 3.2 Composição do ágar nutriente.

Sr.no	Ingredients	grams/liter
1	Peptic digest of animal tissue	5.0
2	Sodium Chloride	5.0

3	Beef extract	1.50
4	Yeast extract	1.50
5	Agar	15.0
6	Final pH	7.4 ± 0.2

Dissolveram-se 2,8 gramas de ágar nutriente em 100 ml de água destilada. Em seguida, foi colocado numa placa quente para tornar a mistura homogénea. O meio preparado foi autoclavado a 121° C durante 15 minutos. Em seguida, arrefeceu-se um pouco à temperatura ambiente. Foram vertidos 20 ml deste meio em placas de Petri em fluxo laminar. Após a solidificação, as placas foram colocadas numa incubadora a 37° C durante 24 horas para verificar a esterilidade. Espalharam-se 100pL de amostra com uma micropipeta. As placas preparadas foram novamente incubadas a 37° C durante 24 horas para verificar a carga microbiana.

3.5.2. Ágar MacConkey.

Este tipo de meio de cultura difere de outros meios porque é utilizado especificamente para o crescimento de bactérias gram negativas. É também conhecido como "meio indicador". Ao utilizar a lactose presente no meio, as bactérias que fermentam a lactose aparecem como colónias cor-de-rosa, tais como *Escherichia coli, Enterobacter* e *Klebsiella*. As bactérias que não fermentam a lactose não podem utilizar a lactose e aparecem como colónias brancas. Existem muitos outros tipos que diferem na sua composição e são utilizados para várias estirpes gram-negativas. Os ingredientes adicionados incluem peptonas, cloreto de sódio, sulfato de magnésio, sais biliares, ágar e extractos de levedura. As bactérias que podem ser cultivadas em ágar MacConkey incluem *Escherichia coli, Shigella, Enterococcus, Pseudomonas aeruginosa, Mycobacterium* e *Staphylococcus aureus.*

As peptonas fornecem azoto e outros nutrientes. O extrato de levedura é uma fonte de oligoelementos, vitaminas, aminoácidos e carbono. A lactose é um hidrato de carbono fermentável. Quando a lactose é fermentada, uma queda local do pH em torno da colónia provoca uma mudança de cor no indicador de pH (vermelho neutro) e a precipitação da bílis. Os sais biliares, os sais biliares no. 3, oxgall e violeta de cristal são agentes selectivos que inibem o crescimento de organismos gram-positivos. O cloreto de sódio mantém o equilíbrio osmótico no meio. O sulfato de magnésio é uma fonte de catiões divalentes. O ágar é o agente solidificante.

Tabela 3.3. Composição do ágar MacConkey.

Sr.no	Ingredients	grams/liter
1	Pancreatic digest of gelatin	17.0
2	Peptones	3.0
3	Lactose	10.0
4	Bile salt No.3	1.5
5	Neutral Red	0.03
6	Agar	13.5
7	Crystal Violet	1.0mg
8	Sodium Chloride	5.0

Dissolveram-se 5,2 gramas de ágar MacConkey em 100 ml de água destilada. Em seguida, foi colocado numa placa quente para tornar a mistura homogénea. O meio preparado foi autoclavado a 121° C durante 15 minutos. Em seguida, arrefeceu-se um pouco à temperatura ambiente. 20 ml deste meio foram então vertidos em placas de Petri em fluxo laminar. Após a solidificação, as placas foram colocadas numa incubadora a 37° C durante 24 horas para verificar a esterilidade. Espalharam-se 100 ML de amostra na placa de Petri utilizando uma micropipeta. As placas preparadas foram então incubadas novamente a 37° C durante 24 horas para verificar a carga microbiana.

3.5.3. Ágar dextrose de batata.

É um meio específico para o crescimento de bolores e leveduras. (Garcia, 2010) A adição de antibióticos favorece a resistência ao crescimento bacteriano. É composto por amido de batata, dextrose e ágar. É utilizado para a identificação de micróbios em produtos cosméticos e alimentares. Os organismos que podem ser identificados utilizando este meio incluem Saccharomyces cerevisiae, Aspergillus niger e Candida albicans. O amido de batata, a infusão de batata e a dextrose suportam o crescimento luxuriante de fungos. A redução do pH do meio para aproximadamente 3,5 com ácido tartárico estéril permite a inibição do crescimento bacteriano. No entanto, é importante evitar aquecer o meio depois de este ter sido acidificado, porque esta ação resulta na hidrólise do ágar e prejudica a sua capacidade de solidificação.

Quadro 3.4 Composição do ágar dextrose de batata.

Sr.no	Ingredients	grams/liter
1	Potato starch	4.0
2	Dextrose	20.0
5	Agar	15.0

Dissolveram-se 3,9 gramas de ágar Batata Dextrose em 100 ml de água destilada. Em seguida, foi colocado numa placa quente para tornar a mistura homogénea. O meio preparado foi autoclavado a 121° C durante 15 minutos. Em seguida, arrefeceu-se um pouco à temperatura ambiente. 20 ml deste meio foram então vertidos em placas de Petri em fluxo laminar.

Após a solidificação, as placas foram colocadas numa incubadora a 35° C durante 24 horas para verificar a esterilidade. Espalharam-se 100 ML de amostra com uma micropipeta. As placas preparadas foram novamente incubadas a 35° C durante 24 horas para verificar a carga microbiana.

3.6. Espalhamento da amostra.

Com a ajuda de uma micropipeta, foram colocados 100 ml da amostra preparada na placa. Espalhou-se com uma espátula esterilizada e manteve-se na incubadora a 37° C durante 24 horas para verificar o crescimento microbiano.

3.7. Identificação microbiana.

Após a incubação, as placas foram retiradas e as colónias foram contadas e registadas. As colónias foram então semeadas para as purificar e separar.

3.7.1. Coloração de Gram.

A coloração de Gram é um método utilizado para distinguir entre bactérias gram positivas e gram negativas. O esfregaço de micróbios é espalhado numa lâmina de vidro. A colónia bacteriana é fixada pelo calor. O esfregaço é tratado com o corante violeta cristal durante um minuto e, em seguida, a lâmina é lavada com água corrente. Adiciona-se iodo à lâmina e lava-se com água corrente. Adiciona-se um agente descolorante, como a acetona ou o álcool etílico. Após a descoloração, a lâmina é novamente lavada com água e tratada com uma contra-coloração; adiciona-se safranina à lâmina. O violeta cristalino penetra na parede celular e, com a adição de iodo, liga-se a esta e forma um complexo corante-iodo. Nas bactérias gram-positivas, o agente descolorante não penetra no interior das células, pelo que estas não são descoloradas e as bactérias gram-positivas coram-se de azul ou púrpura, retendo o corante original. Nas bactérias gram-negativas, o peptidoglicano fino não oferece grande barreira e, quando se adiciona o agente descolorante, o corante sai. Por isso, quando se adiciona um corante, as bactérias gram-negativas coram de rosa ou vermelho.

3.7.2. Coloração de endosporos.

A formação de endosporos é uma caraterística muito importante e distinguível das bactérias. As bactérias formam endosporos em condições adversas, como temperaturas elevadas, exposição a produtos químicos, etc. Nestas condições desfavoráveis, diz-se que estas bactérias estão dormentes e, quando as condições se tornam favoráveis, os esporos tornam-se vegetativos e começam a reproduzir-se. O princípio da coloração dos endosporos utiliza a ligação do verde de malaquite à parede celular da célula vs esporo. Este corante liga-se fracamente à parede celular. Ao ser lavado com água, sai, mas não dos esporos, onde fica retido na parede celular. O aquecimento permite que o corante penetre na parede celular. O procedimento envolve a preparação de um esfregaço e a sua fixação pelo calor. Coloca-se um suporte de coloração em arame num copo de água a ferver. Coloca-se a lâmina no suporte e inunda-se com verde de malaquite durante 5 minutos. Lavar as lâminas em água corrente. Adiciona-se safranina de contracoloração durante 1 minuto, lava-se e observa-se. Os esporos serão verdes e as células aparecerão vermelhas na lâmina.

3.7.3. Teste da catalase.

O peróxido de hidrogénio é um gás letal que é um subproduto da respiração. A catalase é uma enzima que decompõe o $H2O2$ em $H2O$ e $O2$. Esta enzima é produzida por uma variedade de bactérias, como o Staphylococcus, que apresenta uma reação de catalase positiva, enquanto o género Streptococcus apresenta uma reação negativa. O teste da catalase é particularmente importante para as bactérias gram positivas. O procedimento envolveu a recolha de colónia da placa e colocá-la na lâmina. Foi adicionada uma gota de $H2O2$ à lâmina e verificada a formação de bolhas. A reação positiva envolve a formação de bolhas e a reação negativa não envolve a formação de bolhas.

3.8. Caracterização bioquímica.

A caraterização bioquímica foi efectuada utilizando tiras API.

3.8.1. API (Índice de Perfil Analítico).

A tira de teste API-20 é constituída por poços que distinguem várias bactérias gram negativas com base na diferença de cor. A diferença de cor ocorre devido à diferença de pH. É utilizado um livro de códigos para identificar as bactérias de acordo com as cores dos poços. O API 20 E é um sistema de identificação normalizado para Enterobacteriaceae e outros bastonetes Gram-negativos não fastidiosos que utiliza 21 testes bioquímicos miniaturizados e uma base de dados. A cultura bacteriana pura foi inoculada numa solução de NaCl. Esta suspensão foi depois inoculada em poços de tiras com a ajuda de uma micropipeta. Deve ter-se um cuidado especial para evitar a formação de bolhas. As tiras foram então incubadas a 24º C durante 24 horas. Durante a incubação, o metabolismo produz alterações de cor que são espontâneas ou reveladas pela adição de reagentes. As reacções são lidas de acordo com a Tabela de Leitura e a identificação é obtida através da consulta do Índice de Perfil Analítico ou da utilização do software de identificação.

3.8.2. Teste bioquímico em API.

Os 21 testes bioquímicos incluídos na API são os seguintes

3.8.2.1. Teste do orto-nitro fenil-β-galactosídeo.

O orto-nitrofenil-β-galactosídeo (ONPG) é um teste colorimétrico para a deteção da atividade da β-galactosidase. Trata-se de um composto incolor. No entanto, se a β-galactosidase estiver presente, hidrolisa a molécula de ONPG em galactose e orto nitrofenol. O ensaio calorimétrico é utilizado para testar o orto-nitrofenol, que é de cor amarela. As bactérias que fermentam a lactose possuem tanto a permease da lactose como a β-galactosidase, duas enzimas necessárias para a produção de ácido no teste de fermentação da lactose, enquanto as bactérias que não fermentam a lactose não possuem ambas as enzimas necessárias para obter resultados positivos. Existem também algumas bactérias que não formam lactose e não possuem permease, mas contêm β-galactosidase e dão resultados positivos. Por exemplo, Escherichia coli dá resultados positivos e Proteus vulgaris dá resultados negativos.

3.8.2.2. Teste da arginina dihidrolase.

Este teste utiliza a capacidade dos micróbios para utilizar o carbono dos aminoácidos para o seu crescimento. A utilização da arginina é efectuada pela enzima arginina dihidrolase. A alteração do pH resulta numa alteração da cor. Utiliza-se 0,5% de arginina e, quando o pH se torna alcalino ou neutro, a solução torna-se amarela, o que indica um resultado negativo, como no caso da Pseudomonas maltophilia, enquanto a cor vermelha indica um resultado positivo, como no caso da *Pseudomonas* sp.

3.8.2.3. Teste da lisina descarboxilase.

Tal como o nome indica, o teste baseia-se na capacidade dos micróbios para utilizarem a lisina como fonte de carbono. A utilização da lisina é efectuada pela enzima lisina descarboxilase. Adiciona-se o inóculo e incuba-se durante 24 horas a 35º C e observam-se os resultados. Se os micróbios utilizarem a lisina, ocorre uma descida do pH que leva a uma mudança de cor de púrpura para amarelo. As tiras são então novamente incubadas durante 24 horas. A mudança do amarelo para o púrpura indica um teste positivo para a lisina descarboxilase. Os resultados positivos são apresentados por Escherichia, Klebsiella e Salmonella, enquanto Proteus Providencia apresenta resultados negativos.

3.8.2.4. Teste da Ornitina descarboxilase.

Este teste utiliza a capacidade de utilização do aminoácido ornitina pelos micróbios devido à presença da enzima ornitina descarboxilase. Quando os micróbios utilizam a ornitina, o pH aumenta e a cor do indicador muda. Após incubação durante 24 horas, a cor muda de púrpura para amarelo e o regresso da cor púrpura após incubação mostra novamente um resultado positivo apresentado por muitos micróbios, como a Escherichia coli.

3.8.2.5. Teste de utilização de citrato.

Este teste distingue os membros da família Enterobacteriaceae com base nos seus subprodutos metabólicos. A utilização de citrato pode ser utilizada para distinguir entre coliformes, como Enterobacter aerogenes, que ocorrem naturalmente no solo e em ambientes aquáticos, e coliformes fecais, como Escherichia coli, cuja presença seria indicativa de contaminação fecal. Quando utilizam citrato, são produzidos carbonatos e bicarbonatos alcalinos. Citrobacter spp, Klebsiella pneumonia e Enterobacter aerogenes apresentam resultados positivos. A cor azul intensa indica um resultado positivo. Na reação negativa não ocorre qualquer alteração de cor e a solução permanece verde. A Escherichia coli apresenta um resultado negativo.

3.8.2.6. Ensaio do sulfureto de hidrogénio.

O teste utiliza a decomposição de aminoácidos contendo enxofre e a produção de sulfureto de hidrogénio. É utilizado principalmente para ajudar na identificação de membros da família

Enterobacteriaceae e, ocasionalmente, para diferenciar outras bactérias, como Bacteroides sps e Brucella sps. O escurecimento que ocorre no final da incubação revela resultados positivos, como no caso de Proteus vulgaris. Quando não é produzido sulfureto de hidrogénio, não ocorre enegrecimento e os resultados são negativos, como demonstrado por Shigella sps.

3.8.2.7. Teste da urease.

O teste baseia-se na capacidade de utilização da ureia e na produção de amoníaco e dióxido de carbono. É utilizado principalmente para distinguir Proteeae urease-positiva de outras Enterobacteriaceae. Quando o amoníaco é produzido, a cor muda de amarelo para rosa. As Proteeae rapidamente urease-positivas (Proteus spp., Morganella morganii e algumas estirpes de Providencia stuartii) produzem uma reação positiva forte no espaço de 1 a 6 horas de incubação. Os organismos positivos retardados (por exemplo, Klebsiella ou Enterobacter) produzirão normalmente uma reação positiva fraca na lâmina após 6 horas, mas a reação intensificar-se-á e espalhar-se-á para o fundo após uma incubação prolongada (até 6 dias). O meio de cultura permanecerá com uma cor amarelada se o organismo for urease negativo.

3.8.2.8. Teste da triptofano-deaminase.

Este teste baseia-se na utilização de L-triptofano e na produção de triptofano-deaminase. A cor castanha avermelhada indica um resultado positivo, enquanto a cor amarela indica um resultado negativo.

3.8.2.9. Teste do indole.

O teste utiliza a capacidade de utilização do triptofano e a produção de indol. A cultura é adicionada e incubada durante 24 horas. A cor vermelha indica resultados positivos que ocorrem devido a uma série de reacções, enquanto a cor amarela indica um resultado negativo. Exemplos incluem espécies de Klebsiella; Klebsiella oxytoca é indol positivo, enquanto Klebsiella pneumoniae é indol negativo. Espécies de Citrobacter: Citrobacter Koseri é indol positivo, enquanto Citrobacter freundii é indol negativo. Espécies de Proteus: Proteus Vulgaris é indol positivo, enquanto Proteus mirabilis é indol negativo.

3.8.2.10. Teste de Voges-Proskauer.

Este teste detecta a acetoína em bactérias e depende da conversão da glucose em acetilmetilcarbinol. A acetoína é produzida durante a fermentação. Quando a glucose se decompõe, reage com alfa-naftol e hidróxido de potássio, dando origem a uma cor vermelha. Os organismos que dão resultados positivos incluem Enterobacter, Klebsiella, Serratia marcescens, Hafnia alvei, Vibrio damsela e Vibrio alginolyticus. Os resultados negativos são apresentados por Citrobacter sp., Shigella, Yersinia, Edwardsiella, Salmonella, Vibrio furnissii, Vibrio fluvialis, Vibrio vulnificus e Vibrio parahaemolyticus.

3.8.2.11. Teste da gelatinase.

Na presença de gelatina, alguns micróbios têm a capacidade de a difundir devido à enzima gelatinase. A gelatina é primeiro convertida em péptidos e depois em aminoácidos. Ao ser quebrada, a gelatina não se solidifica. Se um organismo conseguir decompor a gelatina, as áreas onde o organismo cresceu permanecerão líquidas, mesmo que a gelatina seja refrigerada. O teste da gelatinase pode ser utilizado para diferenciar entre Staphylococcus aureus e Staphylococcus epidermidis. Também pode ser usado para diferenciar Serratia marcescens, Proteus vulgaris e Proteus mirabilis de outros entéricos. Esta atividade é muito lenta e pode mesmo requerer até sete dias de incubação. A Serratia marcescens apresenta resultados positivos, enquanto a Salmonella typhimurium apresenta resultados negativos.

3.8.2.12. Teste de fermentação/oxidação da glucose.

O teste depende da forma como os micróbios utilizam os hidratos de carbono. Na presença de oxigénio, o processo é conhecido como oxidação, enquanto que na ausência de oxigénio o processo é conhecido como fermentação. Durante a incubação, os micróbios que são submetidos a uma utilização anaeróbia, ou seja, a fermentação, tornam-se amarelos. No entanto, a cor amarela mostra as bactérias que oxidam a glucose. Os produtos secundários são o dióxido de carbono e os ácidos orgânicos.

3.8.2.13. Teste de fermentação/oxidação do manitol.

Este teste utiliza a capacidade dos microrganismos para fermentar o manitol, utilizando-o como fonte de carbono para o seu crescimento. Durante a fermentação, o manitol é convertido em ácido, o que resulta numa descida do pH. A mudança de cor de vermelho para amarelo indica um resultado positivo, como a Shigella flexneri.

3.8.2.14. Teste de fermentação do inositol.

Utiliza a capacidade dos micróbios para utilizar o inositol como fonte de carbono. Se o inositol for fermentado para produzir produtos finais ácidos, o pH do meio baixará. Um indicador de pH no meio muda de cor para indicar a produção de ácido. Após a incubação, um teste positivo consiste numa mudança de cor de vermelho para amarelo, indicando uma mudança de pH para ácido.

3.8.2.15. Teste do sorbitol.

O objetivo é ver se o micróbio consegue fermentar o hidrato de carbono sorbitol como fonte de carbono. Se o sorbitol for fermentado para produzir produtos finais ácidos, o pH do meio baixará. Um indicador de pH no meio muda de cor para indicar a produção de ácido. A mudança de cor de vermelho para amarelo indica um resultado positivo.

3.8.2.16. Teste de fermentação/oxidação da ramnose.

O objetivo é ver se o micróbio consegue fermentar o hidrato de carbono ramnose como fonte de carbono. Se o sorbitol for fermentado para produzir produtos finais ácidos, o pH do meio baixará. Um indicador de pH no meio muda de cor para indicar a produção de ácido. A mudança de cor de vermelho para amarelo indica um resultado positivo. Os resultados negativos são indicados por uma cor azul-verde.

3.8.2.17. Teste de fermentação da sacarose.

O teste utiliza a capacidade dos micróbios para utilizar a sacarose como fonte de carbono. Os resultados positivos são indicados por mudanças de cor de vermelho para amarelo, enquanto a cor azul-verde mostra resultados negativos. Um indicador de pH no meio muda de cor para indicar a produção de ácido. A mudança de cor de vermelho para amarelo indica um resultado positivo. Os resultados negativos são indicados pela cor azul-verde.

3.8.2.18. Teste de fermentação/oxidação da melibiose.

O objetivo é verificar se o micróbio pode fermentar a melibiose como fonte de carbono. É produzido um produto final ácido que resulta em alterações de cor e de pH. A cor amarela indica a utilização da melibiose e resultados positivos, ao passo que a cor azul ou azul-esverdeada indica resultados negativos.

3.8.2.19. Teste de fermentação da amígdalina.

Utiliza a capacidade dos micróbios para utilizar e fermentar a amigdalina como fonte de carbono. O teste resulta em alterações de pH e de cor pelos micróbios, o que mostra resultados positivos e é indicado pela cor amarela. A cor azul indica resultados negativos e incapacidade de utilizar a amigdalina.

3.8.2.20. Teste de fermentação/oxidação da arabinose.

Este teste verifica se o micróbio pode fermentar o hidrato de carbono arabinose como fonte de carbono. Se o sorbitol for fermentado para produzir produtos finais ácidos, o pH do meio baixará. Um indicador de pH no meio muda de cor para indicar a produção de ácido. A mudança de cor de vermelho para amarelo indica um resultado positivo.

3.9. Otimização da dose.

A radiação gama foi selecionada para a esterilização porque promete a melhor remoção de micróbios. O intervalo de dose necessário para a esterilização de cosméticos situa-se entre 2-10 kGy. A dose para loções corporais é estimada expondo o produto a três valores de radiação e verificando novamente o conteúdo microbiano de cada vez. Propõe-se que a dose necessária para a redução do conteúdo microbiano em loções para o corpo seja de 1,9 kGy. Foram selecionadas três doses, que foram cultivadas em ágar nutriente para verificar a presença de microflora. As doses selecionadas foram 0,1 kGy, 0,3 kGy e 0,5 kGy.

CAPÍTULO 4

RESULTADOS

Até à data, não existe nenhum método disponível para a esterilização de loções para o corpo. As matérias-primas utilizadas para a sua preparação têm grandes probabilidades de serem potenciais fontes de contaminação, mas também não são aplicadas técnicas de esterilização para a sua purificação. Assim, estes produtos de loção para o corpo podem ser uma fonte de vários agentes patogénicos.

4.1. Enumeração microbiana.

4.1.1. Crescimento microbiano em ágar nutriente.

A placa na qual as amostras da empresa A foram espalhadas foi incubada durante 24 horas a 37° C. Foram observadas duas colónias. A primeira colónia parecia ser grande, redonda, ondulada, opaca, mucoide e branca. Tratava-se de uma colónia móvel. A segunda colónia era pequena, redonda, inteira, elevada, translúcida, mucoide e de cor creme. Tratava-se de uma colónia não móvel. Ambas as colónias foram semeadas separadamente em ágar nutriente para obter a sua forma mais purificada.

As amostras da empresa B foram também incubadas durante 24 horas a 37° C. O espalhamento da amostra B representou 22 colónias de um único tipo. A colónia tinha o tamanho de uma cabeça de alfinete e foi observada como sendo circular, inteira, convexa, opaca, mucoide e branca. As colónias foram semeadas em ágar nutriente para serem purificadas. Foi efectuada uma sementeira contínua.

As loções corporais da empresa C também foram incubadas utilizando o mesmo procedimento. As placas observadas continham dois tipos diferentes de colónias. A primeira colónia era grande, de forma irregular, ondulada, opaca, seca e branca. A segunda colónia parecia ser do tamanho de uma cabeça de alfinete, circular, inteira, convexa, opaca, lisa e de cor branca. Ambas as colónias foram então semeadas para obter colónias purificadas. Uma colónia móvel muito espalhada e três colónias de outro tipo.

A quarta amostra, representando a empresa D, foi espalhada e incubada a 37° C durante 24 horas. As placas apresentavam dois tipos diferentes de colónias. A primeira colónia era grande, de forma irregular, ondulada, opaca, seca e branca. A segunda colónia parecia ser do tamanho de uma cabeça de alfinete, circular, inteira, convexa, opaca, lisa e de cor branca. Estas colónias foram semeadas em ágar nutriente para serem purificadas. Uma colónia móvel muito espalhada e seis colónias de outro tipo.

As loções corporais da empresa E, quando espalhadas e incubadas, nunca revelaram quaisquer micróbios, mesmo quando mantidas durante 48 horas na incubadora. Assim, isto mostra que as condições de esterilização da empresa E eram satisfatórias.

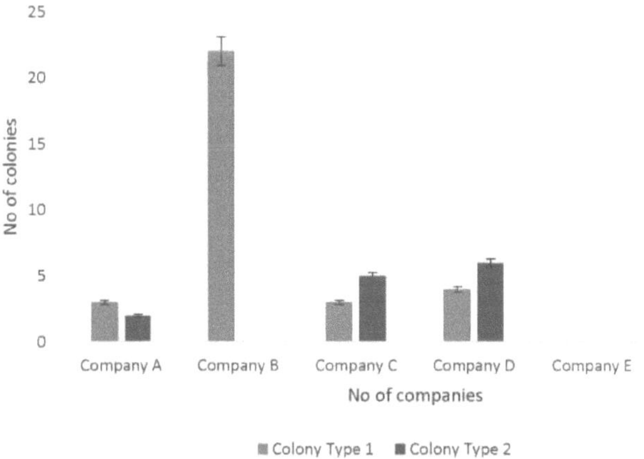

Fig. 4.1. Comparação das colónias observadas nas amostras das empresas A, B, C, D e E em Ágar Nutriente.

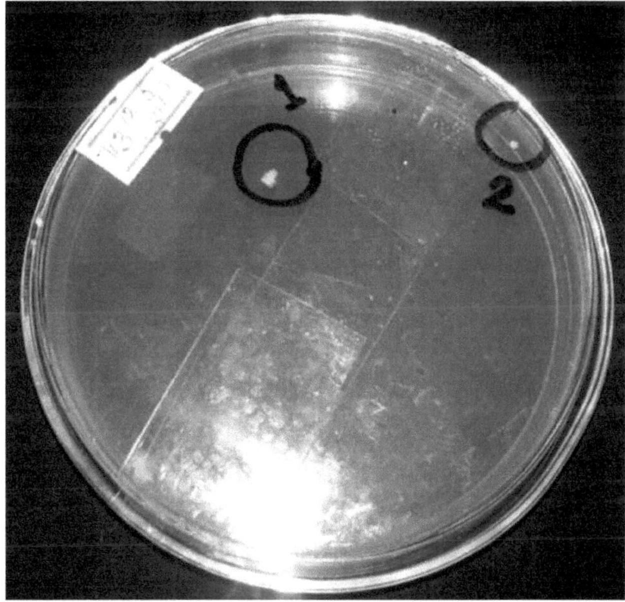

Fig.4.2. Placa que mostra o crescimento bacteriano de colónias da empresa "A" em Ágar

Nutriente. A primeira colónia é grande, redonda, ondulada, opaca, mucoide e branca. A segunda colónia é pequena, redonda, inteira, elevada, translúcida, mucoide e de cor creme.

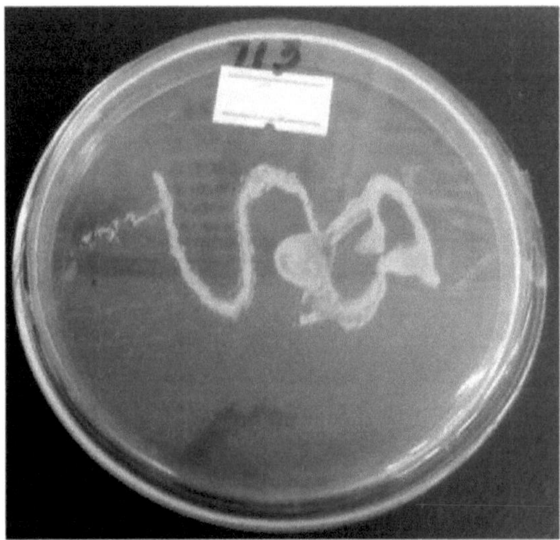

Fig.4.3. Estrias da colónia 1 encontradas em amostras da empresa "A" em ágar nutriente. A estria mostra que se trata de uma colónia móvel.

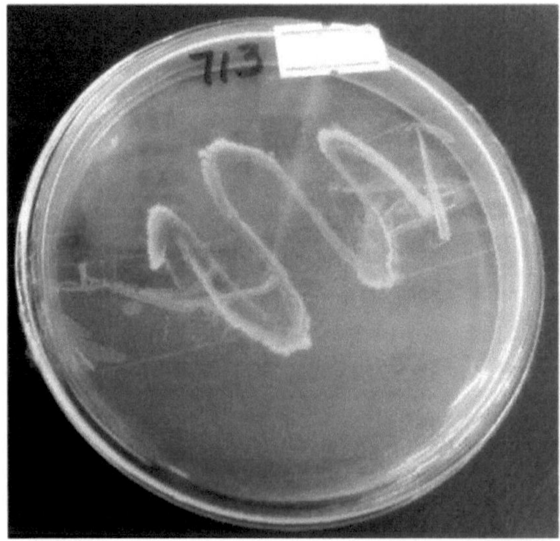

Fig.4.4. Estrias da colónia 2 encontradas em amostras da empresa B em ágar nutriente. A estria mostra que se trata de uma colónia imóvel.

Tabela.4.1. Todos os valores são médias de cinco réplicas. ± indica o desvio-padrão. (Amostra "A" de loção para o corpo).

Types	1	2
CFU/g	$3\times10^2\pm 0.510686$	$2\times10^2\pm 0.510686$
Form	Round	Round
Margins	Undulate	Entire
Elevation	Unbonate	Raised
Opacity	Opaque	Translucent
Texture	Mucoid	Mucoid
Pigmentation	White	Cream
Size	Large	Small

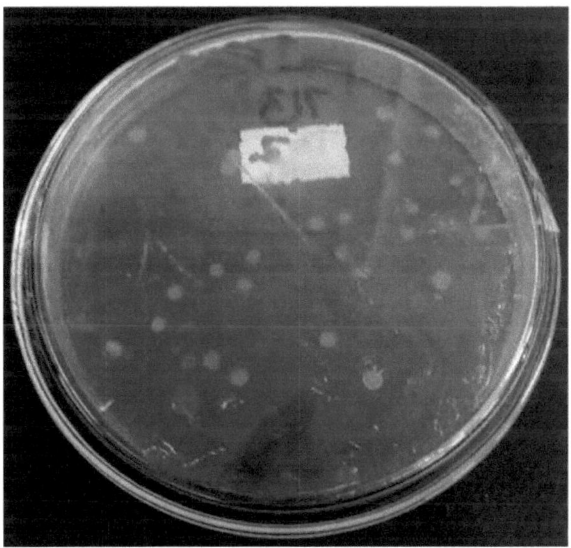

Fig.4.5. Placa que mostra o crescimento bacteriano da amostra da empresa B em ágar nutriente. A colónia tinha o tamanho de uma cabeça de alfinete e foi observada como sendo circular, inteira, convexa, opaca, mucoide e branca.

Tabela.4.2. Todos os valores são médias de cinco réplicas. ± indica o desvio-padrão. (Amostra "B" de loção para o corpo).

Types	1
CFU/g	$2.2 \times 10^3 \pm 0.45607$
Form	Circular
Margins	Entire
Elevation	Convex
Opacity	Opaque
Texture	Mucoid
Pigmentation	White
Size	Pinhead

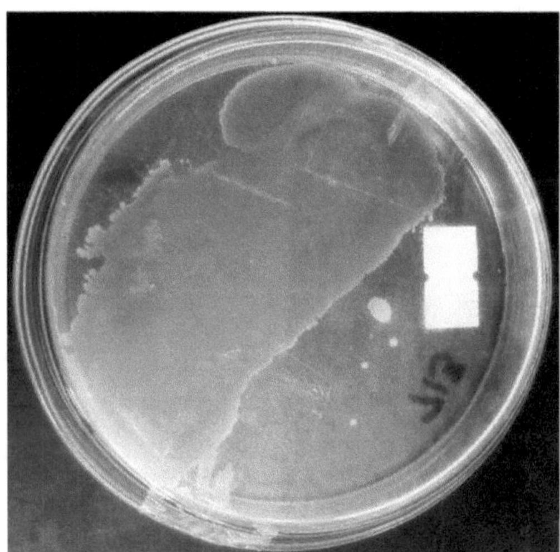

Fig.4.6. Placa mostrando o crescimento bacteriano da amostra C em Ágar Nutriente. A primeira colónia era grande, de forma irregular, ondulada, opaca, seca e branca. A segunda colónia parecia ser do tamanho de uma cabeça de alfinete, circular, inteira, convexa, opaca, lisa e de cor branca.

Tabela.4.3. Todos os valores são médias de cinco réplicas. ± indica o desvio-padrão. (Amostra "C" de loção para o corpo).

Types	1	2
CFU/g	$3 \times 10^3 \pm 0.35777$	$5 \times 10^3 \pm 0.35777$
Form	Irregular	Circular
Margins	Undulate	Entire
Elevation	Umbonate	Convex
Opacity	Opaque	Opaque
Texture	Dry	Smooth
Pigmentation	White	White
Size	Large	Pinhead

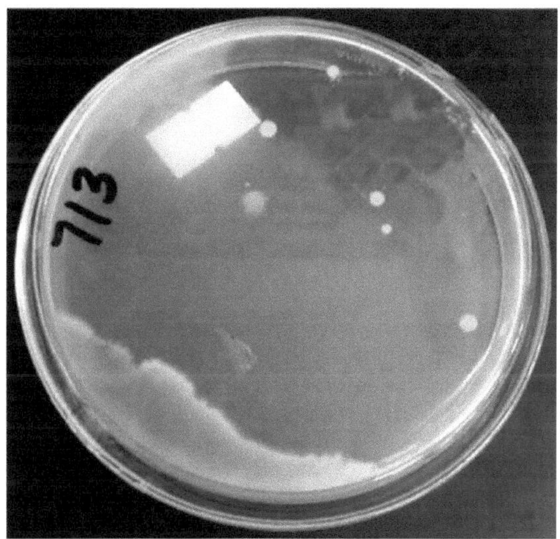

Fig.4.7. Placa mostrando o crescimento bacteriano da amostra D em Ágar Nutriente. A primeira colónia era grande, de forma irregular, ondulada, opaca, seca e branca. A segunda colónia parecia ser do tamanho de uma cabeça de alfinete, circular, inteira, convexa, opaca, lisa e de cor branca.

Types	1	2
CFU/g	$4\times10^2\pm 0.52153$	$6\times10^2\pm0.52153$
Form	Irregular	Circular
Margins	Undulate	Entire
Elevation	Umbonate	Convex
Opacity	Opaque	Opaque
Texture	Dry	Smooth
Pigmentation	White	White
Size	Large	Pinhead

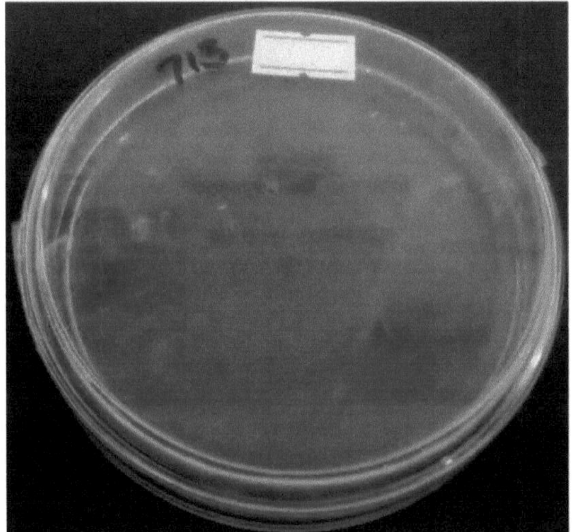

Fig.4.8. Placa que não mostra crescimento da amostra E em Ágar Nutriente.

4.1.2. Crescimento microbiano em ágar MacConkey.

A placa na qual as amostras da empresa "A" (100μl) foram espalhadas foi incubada durante 24 horas a 37° C. Foram observadas duas colónias. Ambas as colónias eram de tipo diferente. A primeira colónia parecia ser grande, redonda, ondulada, opaca, mucoide e branca. Tratava-se de uma colónia móvel. A segunda colónia era pequena, redonda, inteira, elevada, translúcida, mucoide e de cor creme. Tratava-se de uma colónia não móvel. Ambas as colónias foram semeadas separadamente em ágar nutriente para obter a sua forma mais purificada.

As amostras das empresas B, C, D e E foram também incubadas durante 24 horas a 37° C. O espalhamento da amostra B não mostrou qualquer crescimento. Quando incubadas durante mais 24 horas, não se registou qualquer crescimento.

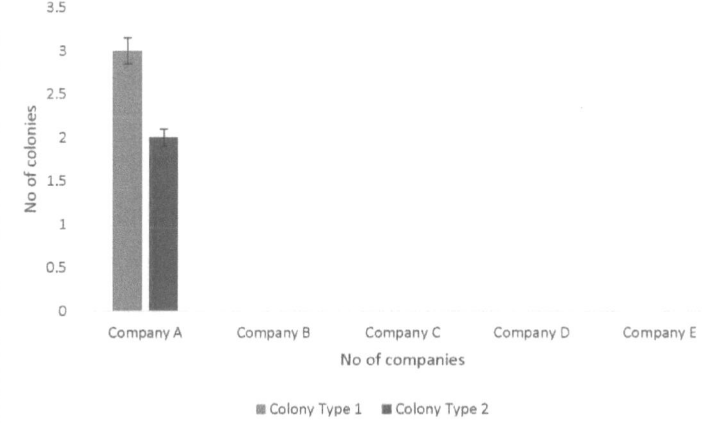

Fig. 4.9. Comparação das colónias observadas nas amostras das empresas A, B, C, D e E em ágar MacConkey.

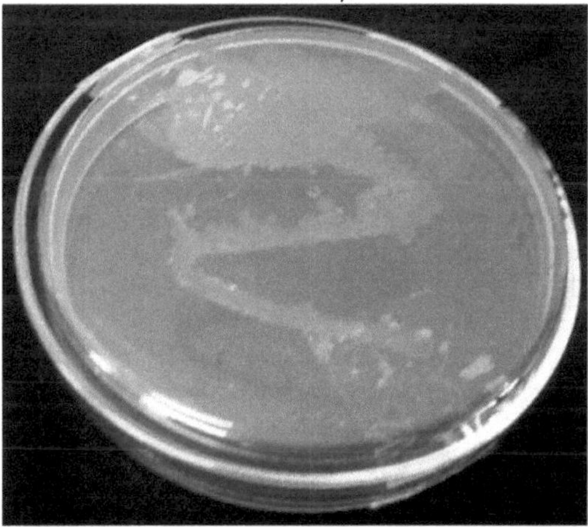

Fig.4.10. Placa que mostra a estria da colónia 1 da amostra A em ágar MacConkey.

Mostra uma colónia em movimento.

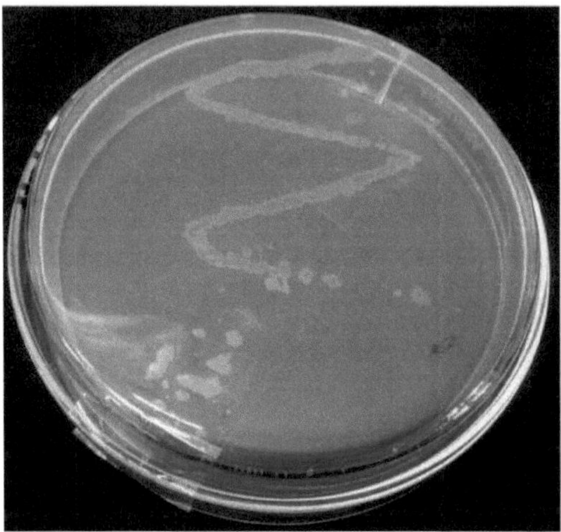

Fig.4.11. Placa que mostra a estria da colónia 2 da amostra A em ágar MacConkey. Mostra uma colónia imóvel.

Tabela.4.5. Todos os valores são médias de cinco réplicas. ± indica o desvio-padrão. (Amostra "A" de loção para o corpo).

Types	1	2
CFU/g	$3\times10^2\pm 0.632$	$4\times10^2\pm 0.632$
Form	Round	Round
Margins	Undulate	Entire
Elevation	Unbonate	Raised
Opacity	Opaque	Translucent
Texture	Mucoid	Mucoid
Pigmentation	White	Cream
Size	Large	Small

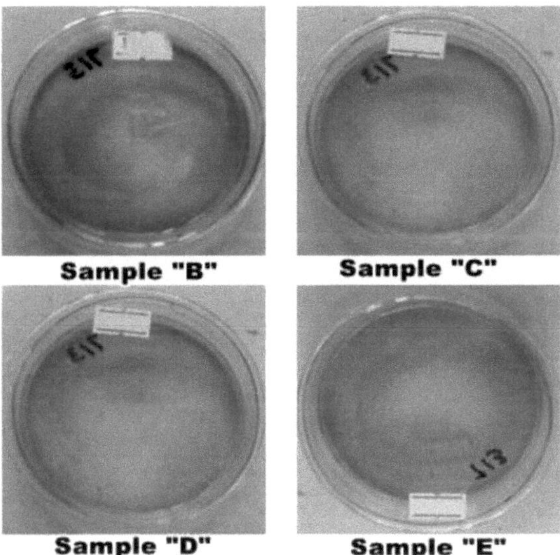

Fig.4.12. Placas que não mostram crescimento microbiano nas amostras da empresa B, C, D e E em ágar MacConkey.

4.1.3. Crescimento em Ágar Batata Dextrose.

100^L de cada amostra das empresas A, B, C, D e E foram espalhados em placas de ágar dextrose de batata e deixados a incubar a 35° C durante uma semana. Os resultados não revelaram qualquer crescimento de fungos, o que significa que todos os produtos estavam isentos de fungos e bolores.

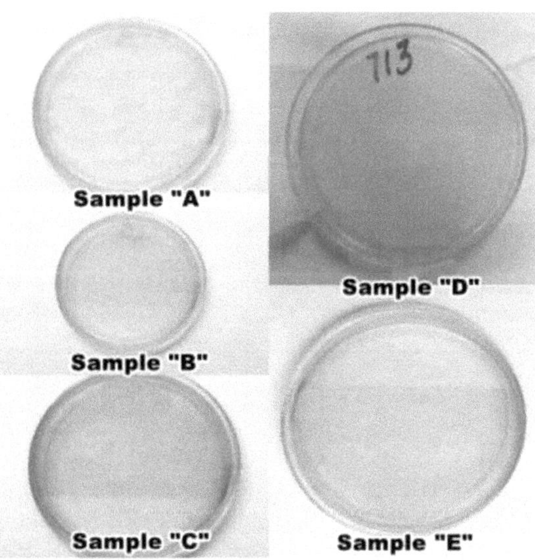

Fig.4.13. Placas que não revelam crescimento microbiano em amostras da empresa A,

B, C, D e E em Ágar Batata Dextrose.

Tabela 4.6. Enumeração microbiana em Ágar Batata Dextrose.

Company	Plate Number	Results
A	1	No fungal growth observed.
	2	No fungal growth observed.
	3	No fungal growth observed.
B	1	No fungal growth observed.
	2	No fungal growth observed.
	3	No fungal growth observed.
C	1	No fungal growth observed.
	2	No fungal growth observed.
	3	No fungal growth observed.
D	1	No fungal growth observed.
	2	No fungal growth observed.
	3	No fungal growth observed.
E	1	No fungal growth observed.
	2	No fungal growth observed.
	3	No fungal growth observed.

4.2. Coloração de Gram.

A coloração de Gram foi efectuada de acordo com o procedimento descrito na secção 3.7.1. As lâminas preparadas foram observadas ao microscópio em baixa e alta resolução.

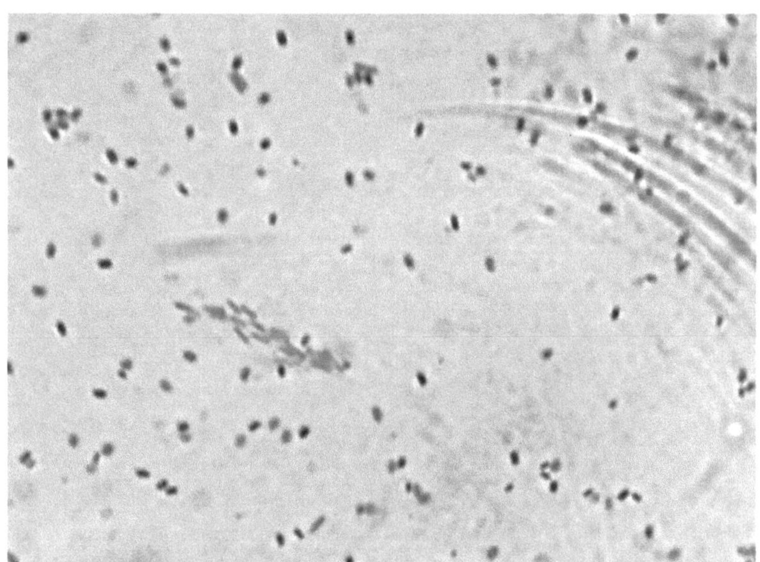

Fig.4.14. Colónia de *Bacillus spp.* da loção corporal "D" observada sob ampliação de 100X do microscópio após coloração de Gram.

Tabela.4.7. Resultados da coloração de Gram de todas as amostras de loções para o corpo.

Company	Type	Stain Results
A	1	Pink (Gram negative)
	2	Pink (Gram negative)
B	1	Purple (Gram positive)
	–	–
C	1	Purple (Gram positive)
	2	Purple (Gram positive)
D	1	Purple (Gram positive)
	2	Purple (Gram positive)

4.3. Coloração de endosporos.

A coloração dos endosporos foi efectuada de acordo com o procedimento descrito na secção 3.7.2. As lâminas preparadas foram observadas ao microscópio e os resultados foram registados.

Tabela.4.8. Resultados da coloração de endosporos de todas as amostras de loções para o corpo.

Company	Type	Stain Results
A	1	Red (Non-spore forming)
	2	Red (Non-spore forming)
B	1	Red (Non-spore forming)
	–	–
C	1	Red + Green (Spore forming)
	2	Red (Non-spore forming)
D	1	Red + Green (Spore forming)
	2	Red (Non-spore forming)

4.4. Resultados dos testes bioquímicos.

Os resultados dos testes bioquímicos são os seguintes.

Tabela.4.9. Resultados dos testes bioquímicos de todas as amostras de loções corporais.

Company	Type	Catalase test
A	1	Positive
	2	Positive

B	1	Positive
	–	–
C	1	Positive
	2	Positive
D	1	Positive
	2	Positive

4.5. Resultados dos testes API.

As tiras API foram inoculadas com suspensão bacteriana da colónia 1 da amostra "A" e as tiras foram incubadas. Os resultados observados mostraram que a colónia era de Klebsiella pneumoniae.

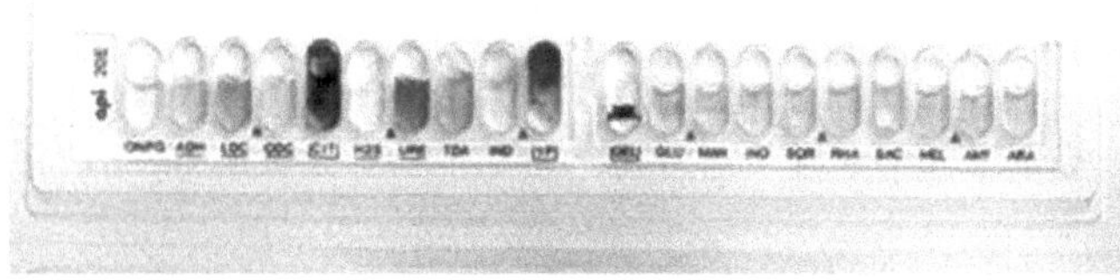

Fig.4.15. Resultados API de *Klebsiella pneumoniae* da amostra "A" de loção para o corpo.

Tabela.4.10. Resultados do teste API de *Klebsiella pneumoniae* da amostra "A".

Biochemical Test	Result	Interference
ONPG	Yellow	Positive
ADH	Yellow	Negative
LDC	Red or Orange	Positive
ODC	Yellow	Negative
CIT	Dark blue	Positive
H_2S	No black deposit	Negative
URE	Orange or red	Positive
TDA	Yellow	Negative

IND	Yellow	Negative
VP	Red	Positive
GEL	No diffusion	Negative
GLU	Yellow	Positive
MAN	Yellow	Positive
INO	Yellow	Positive
SOR	Yellow	Positive
RHA	Yellow	Positive
SAC	Yellow	Positive
MEL	Yellow	Positive
AMY	Yellow	Positive
ARA	Blue-green	Positive

Tabela 4.11. Diferentes tipos de micróbios identificados em loções para o corpo de diferentes empresas.

Company	Microbes	
	Type 1	Type 2
Company A	*Klebsiella pneumoniae*	*Escherichia coli*
Company B	*Staphylococcus spp.*	–
Company C	*Bacillus spp.*	*Staphylococcus spp.*
Company D	*Bacillus spp.*	*Staphylococcus spp.*
Company E	–	–

4.6. Resultados após a irradiação.

A dose recomendada para loções corporais foi de 0,2-2 kGy e 2-10 kGy, de acordo com a empresa Synergy Health. Por conseguinte, foram selecionadas três doses: 0,1, 0,3 e 0,5 kGy, que foram enviadas para o PARAS (Pakistan Radiation Services). As amostras irradiadas foram enriquecidas em 10 ml de caldo de nutrientes e incubadas a 37° C durante 24 horas. As amostras preparadas foram espalhadas em placas de ágar nutriente (100^L). As placas foram incubadas a 37° C durante 24 horas. As amostras irradiadas a 0,1 e 0,3 kGy registaram um crescimento bacteriano, enquanto as amostras irradiadas a 0,5 kGy não registaram qualquer crescimento bacteriano. Assim, 0,5 kGy foi optimizado para a irradiação de loções para o corpo.

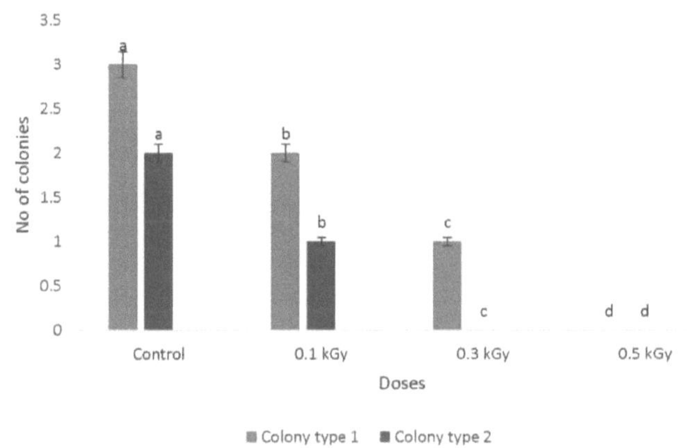

Fig.4.16. Resultados da amostra "A" de loção corporal a 0,1, 0,3 e 0,5 kGy de radiação gama.

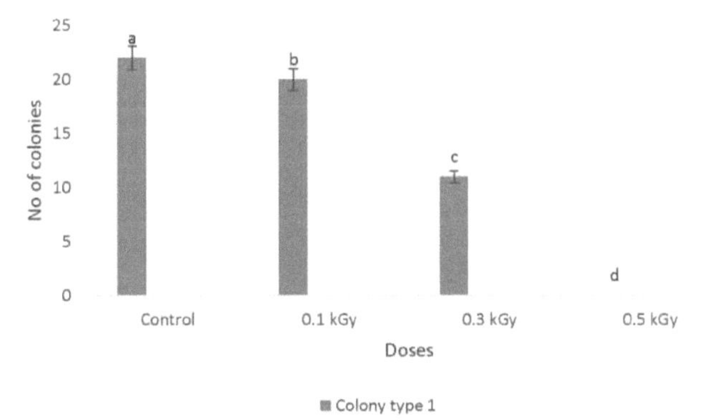

Fig.4.17. Resultados da amostra "B" de loção para o corpo a 0,1, 0,3 e 0,5 kGy de

radiação gama.

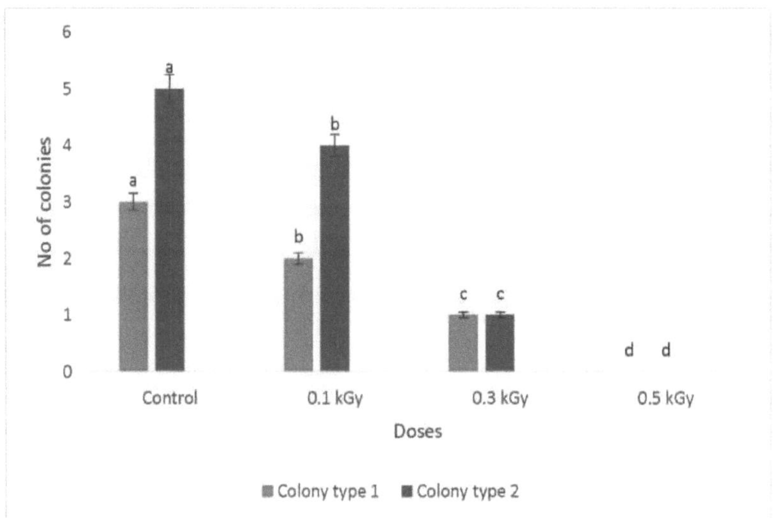

Fig.4.18. Resultados da amostra^U C'' de loção para o corpo a 0,1, 0,3 e 0,5 kGy de radiação gama.

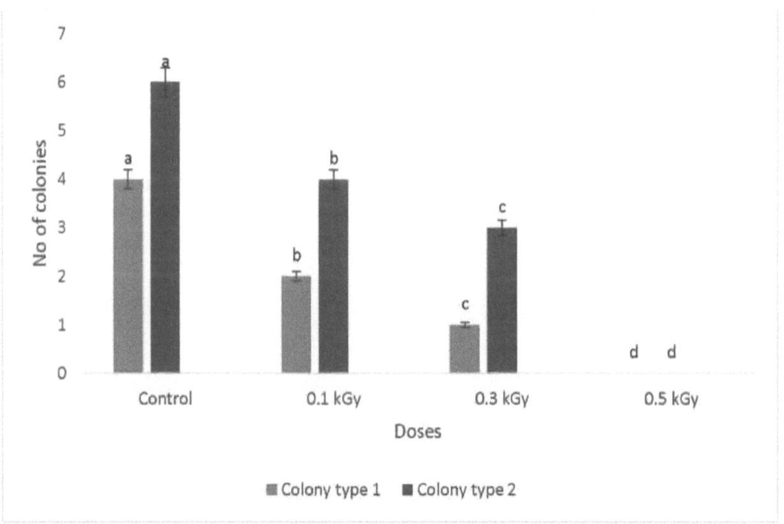

Fig.4.19. Resultados da amostra "D" de loção para o corpo a 0,1, 0,3 e 0,5 kGy de radiação gama.

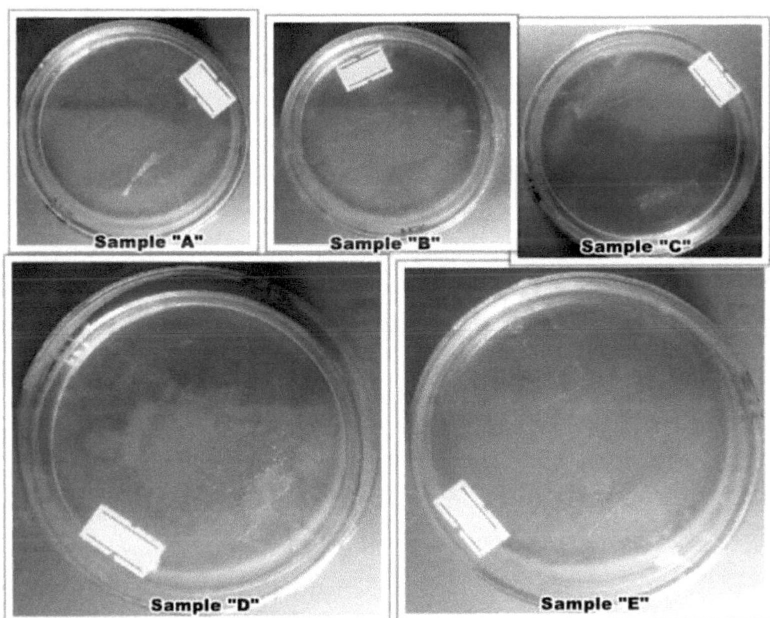

Fig.4.20. Placas que não mostram crescimento microbiano em ágar nutriente de amostras de loção corporal da empresa A, B, C e D após irradiação a 0,5 kGy.

Tabela 4.12. UFC das amostras de controlo A, B, C, D e E nas doses de 0,1, 0,3 e 0,5 kGy, ± indica o desvio padrão seguido de letras diferentes de acordo com o novo teste de intervalo múltiplo de Duncan.

Doses	Sample A CFU±S.D	Sample B CFU±S.D	Sample D CFU±S.D	Sample E CFU±S.D
Control	$4.8\times10^{2}\pm0.5^{a}$	$2.1\times10^{3}\pm0.67^{a}$	$8.2\times10^{2}\pm0.43^{a}$	$1.04\times10^{3}\pm0.46^{a}$
0.1 kGy	$2.4\times10^{3}\pm0.22^{b}$	$1.98\times10^{3}\pm0.59^{b}$	$5.8\times10^{2}\pm0.59^{b}$	$5.8\times10^{2}\pm0.33^{b}$
0.3 kGy	$1.6\times10^{2}\pm0.36^{c}$	$1.14\times10^{3}\pm0.56^{c}$	$2.4\times10^{2}\pm0.47^{c}$	$3.6\times10^{2}\pm0.82^{c}$
0.5 kGy	0	0	0	0

CAPÍTULO 5

DISCUSSÃO

As loções corporais são um dos cosméticos mais utilizados em todo o mundo. São utilizados por quase todos os grupos etários e são muito populares entre as mulheres. A sua procura aumenta no inverno, uma vez que as loções corporais ajudam a hidratar a pele seca. Ajudam a nossa pele a ganhar a nutrição perdida, retêm a humidade e também aumentam a capacidade de retenção de água da pele. São muito úteis no tratamento de problemas de pele seca. As loções corporais suavizam as nossas calosidades e proporcionam-nos uma pele saudável e brilhante.

As práticas não esterilizadas durante o fabrico conduzem à adição de micróbios nocivos ao produto. Bactérias como Klebsiella Pneumoniae, Staphylococcus spp. e E.coli foram encontradas em produtos de loção para o corpo. Todas elas são consideradas bactérias causadoras de doenças.

A Klebsiella Pneumoniae é conhecida por causar infecções pulmonares que levam a hemorragia e morte celular. Residem nas vias respiratórias inferiores. As pessoas com um sistema imunitário enfraquecido podem facilmente contrair a infeção quando entram em contacto com produtos cosméticos contaminados. A sua infeção também leva à pneumonia, normalmente sob a forma de broncopneumonia e também de bronquite. Os sintomas incluem tosse, dores no peito, arrepios súbitos, febre até 102^0 C, letargia, dores de cabeça e dores musculares. Para além da pneumonia, a Klebsiella também pode causar infecções no trato urinário, no trato biliar inferior e em locais de feridas cirúrgicas. A gama de doenças clínicas inclui pneumonia, tromboflebite, infeção do trato urinário, colecistite, diarreia, infeção do trato respiratório superior, infeção de feridas, osteomielite, meningite, bacteriemia e septicemia. Em segundo lugar, a E.coli causa infecções do trato urinário. Duas infecções incomuns causadas por Klebsiella são o rinoscleroma e a ozena. As Klebsiella são consideradas como um dos micróbios mais resistentes, uma vez que o seu plasmídeo segrega um gene resistente aos antibióticos. Além disso, alimentam-se de desinfectantes adicionados aos produtos de loção corporal, o que faz com que se multipliquem ainda mais. Por conseguinte, a esterilização por irradiação é o método mais vantajoso para lidar com este micróbio mortal.

A E.coli pode causar infecções do trato urinário, gastroenterite e meningite neonatal. Os sintomas incluem diarreia, febre e cólicas abdominais. Algumas estirpes virulentas podem mesmo causar necrose intestinal, levando à morte dos tecidos. Algumas das suas estirpes produzem toxinas que destroem os glóbulos vermelhos, sendo esta toxina conhecida como toxina Shiga. Esta toxina provoca a acumulação de coágulos nos capilares, a acumulação de fluidos e o aparecimento de edemas nas pernas. A utilização de loções corporais contaminadas pode levar a todas estas infecções.

O Staphylococcus epidermidis é um colonizador da pele, mas também pode causar infecções. É considerado um dos micróbios resistentes. A lista de infecções inclui endocardite, infecções cutâneas, infecções dos tecidos moles, síndrome do choque tóxico, intoxicação alimentar. Pneumonia e infecções do trato urinário.

A radiação pode ser a forma mais adequada de remover todos estes agentes patogénicos, uma vez que é difícil esterilizar todos os ingredientes químicos individualmente devido às suas propriedades químicas. A adição de desinfectantes também se revelou ineficaz, uma vez que os micróbios se alimentam deles. As loções corporais fornecem nutrientes que actuam como fonte de carbono e azoto e, uma vez contaminados, os agentes patogénicos continuam a crescer dentro destes produtos. Tal como verificado na investigação, a adição de desinfectantes não foi considerada satisfatória na remoção de micróbios.

O objetivo da investigação foi esterilizar produtos de loção para o corpo utilizando a esterilização por irradiação. O cobalto-60 foi utilizado como fonte de radiação gama. As amostras irradiadas a 0,1 e 0,3 kGy apresentaram crescimento bacteriano, enquanto não se observou qualquer crescimento nas amostras irradiadas a 0,5 kGy. Assim, a dose de 0,5 kGy foi escolhida como a mais adequada para a esterilização de produtos de loção corporal e a sua segurança para uso humano.

REFERÊNCIAS

Becks, V. E. e Lorenzoni, N. M. 1995. Surto de Pseudomonas aeruginosa numa unidade de cuidados intensivos neonatais: A possible link to contaminated hand lotion. American Journal of Infection Control, **23**: 396-398.

Borrely, S., Cruz, A., Del Mastro, N., Sampa, M. e Somessari, E. 1998. Processamento por radiação de esgotos e lamas. A review. Progress in Nuclear Energy, **33**: 3-21.

da Silva Aquino, K. A. 2012. Esterilização por Irradiação Gama, ed. INTECH Open Access Publisher. pp 5.

Froder, H., Martins, C. G., de Souza, K. L. O., Landgraf, M., Franco, B. D. e Destro, M. T. 2007. Saladas de vegetais minimamente processadas: avaliação da qualidade microbiana.

Journal of Food Protection, **70**: 1277-1280.

Garcia, L. S. 2010. Clinical Microbiology Procedures Handbook, 3rd ed. American Society for Microbiology Press. pp 112.

Gunar, O. 2006. Sobrevivência de fungos microscópicos em preparações medicinais não estéreis e substâncias auxiliares. Pharmaceutical Chemistry Journal, **40**: 116-118.

Ikeda, Y., Uno, Y., Maekawa, F., Smith, D. L., Gomes, I. C., Ward, R. C. e Filatenkov, A. A. 1997. An investigation of the activation of water by DT fusion neutrons and some implications for fusion reator technology. Fusion Engineering and Design, **37**: 107-150.

Katusin-Razem, B., Mihaljevic, B. e Razem, D. 2003. Descontaminação microbiana de matérias-primas cosméticas e produtos de higiene pessoal por irradiação. Radiation Physics and Chemistry, **66**: 309-316.

Okeke, I. N. e Lamikanra, A. 2001. Qualidade bacteriológica de cremes e loções hidratantes para a pele distribuídos num país tropical em desenvolvimento. Jornal de Microbiologia Aplicada, **91**: 922-928.

Russell, M. 1996. Controlo microbiológico de matérias-primas. Microbial Quality Assurance in Pharmaceuticals, Cosmetics and Toiletries pp 5.

Smart, R. e Spooner, D. 1972. Microbiological spoilage in pharmaceuticals and cosmetics (deterioração microbiológica em produtos farmacêuticos e cosméticos). J. Soc. Cosmet. Chem, **23**: 721-737.

Toedt, J., Koza, D. e Van Cleef-Toedt, K. 2005. Chemical Composition of Everyday Products, ed., Greenwood Publishing Group. Greenwood Publishing Group. pp 27-28.

Whitby, J. e Gelda, A. 1979. Utilização de doses incrementais de radiação de cobalto 60 como meio de determinar a dose de esterilização por radiação. Journal of the Parenteral Drug Association, **33**: 144.

Yeh, K. A., Biade, S., Lanciano, R. M., Brown, D. Q., Fenning, M. C., Babb, J. S., Hanks, G. E. e Chapman, J. D. 1995. Medições polarográficas de oxigénio em carcinomas da próstata de ratos com eléctrodos de agulha: precisão e reprodutibilidade. International Journal of Radiation Oncology Biology Physics, **33**: 111-118.